AF586533

ÉTUDE CLINIQUE

SUR

LE CANCER PRIMITIF DU PANCRÉAS

PAR

Victor COMTE
DOCTEUR EN MÉDECINE

MONTPELLIER
IMPRIMERIE Gustave FIRMIN et MONTANE
Rue Ferdinand-Fabre et quai du Verdanson

1901

A LA MÉMOIRE DE MON PÈRE

A MA MÈRE

V. COMTE.

A MON PRÉSIDENT DE THÈSE

M. LE PROFESSEUR GRASSET

A M. LE PROFESSEUR RAUZIER

V. COMTE.

MEIS ET AMICIS

V. COMTE.

PRÉFACE

Arrivé au terme de nos études médicales, c'est avec un vif sentiment de reconnaissance que nous pensons aux maîtres qui nous ont guidé jusqu'ici. Nous n'avons certes point la prétention d'adresser des louanges à leur valeur scientifique. Nous laissons ce soin à des voix beaucoup plus autorisées que la nôtre. Qu'il nous suffise de les remercier pour la bienveillance dont ils ont fait preuve à notre égard. Parmi eux nous citerons particulièrement M. le Professeur Grasset dont la haute compétence n'a d'égale que l'amabilité, et M. le Professeur agrégé Rauzier qui nous a fourni les éléments de notre thèse et qui s'est mis à notre disposition avec une bonne grâce, dont nous ne saurons trop vraiment lui être reconnaissant. J'espère également que nous n'effaroucherons pas sa modestie en citant ici le chef de clinique de maternité, M. le docteur Reynès, qui nous a initié à l'art si difficile où il est passé maître et qui a été pour nous plus qu'un maître mais un véritable ami.

En terminant, il nous reste un vœu à formuler, c'est de laisser quelques sympathies dans cette vieille ville que nous allons quitter. C'est notre ambition la plus chère.

ÉTUDE CLINIQUE

SUR

LE CANCER PRIMITIF DU PANCRÉAS

INTRODUCTION

Le cancer primitif du Pancréas est peut-être de tous les épithéliomes celui qui, au point de vue clinique, a le plus enrichi la littérature médicale. C'est qu'en effet rien ne peut contribuer davantage à égarer le diagnostic que, d'une part, sa situation profonde qui le rend difficilement accessible à l'observation directe, et, d'autre part, la multiplicité des organes qui l'environnent et qui, envahis ou comprimés par la tumeur, réagissent d'une façon bruyante et attirent parfois un peu trop exclusivement sur eux-mêmes l'attention de l'observateur.

Il ne faut donc pas s'étonner de l'hésitation de la clinique en face de cette affection et des efforts si nombreux qui ont été faits pour en dégager les quelques signes qui permettraient l'affirmation. Le long labeur qui en est résulté n'a pas été absolument stérile; et, si l'on considère, aujourd'hui encore, comme devant être relégué dans le domaine de l'hypothèse, le diagnostic du cancer de la queue et même du corps du Pancréas, par contre, celui d'épithéliome de la tête paraît être entré définitivement dans le domaine de la clinique.

Ce n'est pas que les symptômes ne soient quelque peu différents suivant l'organe primitivement comprimé, mais ces signes de compression sont d'habitude reliés entre eux par quelques caractères communs et présentent certaines particularités qui permettent d'affirmer le diagnostic indépendamment et avant même l'entrée en scène des signes de l'insuffisance pancréatique.

Parmi les organes comprimés par la tumeur, le cholédoque, en raison de sa situation, est certainement le plus fréquemment atteint. Aussi deux auteurs, frappés par la fréquence de son oblitération, ont voulu voir dans les symptômes déterminés par sa compression, les signes pathognomoniques du cancer primitif de la tête du Pancréas. Ils ont donc créé un type clinique caractérisé par un ictère intense, progressif, sans rémissions, ictère qui accompagnerait toujours la carcinomatose et qui permettrait même un diagnostic précoce.

Leur opinion ne tardait pas à devenir classique. Toutefois, douze ans plus tard, l'un des auteurs était obligé d'admettre qu'à côté du syndrôme Bard et Pic, il pouvait exister d'autres formes telles que la sténose pylorique, formes qu'il considérait comme anormales. D'autre part, une observation recueillie dans le service de M. le professeur Rauzier nous permet de croire que l'ictère progressif est un signe moins précoce qu'on ne tend à l'admettre, et qu'en définitive les données de la question ne peuvent être maintenues dans les termes rigoureux où elles ont été posées.

Avant d'aborder l'étude de la symptomatologie, il est nécessaire de jeter un coup d'œil sur les rapports de la glande avec les organes voisins, sur les principales fonctions et sur les caractères anatomiques de cette affection.

Le Pancréas est, en effet, situé profondément dans la cavité abdominale, un peu à gauche de la ligne médiane, en arrière de l'estomac dont il est séparé par l'arrière cavité des épiploons, en avant des deuxième et troisième vertèbres lombaires, encastré dans l'anse duodénale par son extrémité droite et répondant à la rate par l'extrémité opposée.

C'est une glande en grappe, allongée dans le sens transversal, aplatie d'avant en arrière, nous présentant à droite une grosse extrémité, la tête, à gauche, une partie mince et effilée, la queue, et enfin, une portion intermédiaire rétrécie, que l'on appelle le col. La face antérieure est en rapport par l'intermédiaire du péritoine avec l'angle duodéno-jéjunal, l'estomac et le colon transverse. La face postérieure répond en allant de droite à gauche à la veine rénale droite, les veines porte et cave inférieure, les vaisseaux mésentériques supérieurs, l'aorte, la veine mésentérique inférieure, le rein gauche et sa capsule surrénale. Le bord supérieur est en rapport par l'intermédiaire du col avec le tronc cœliaque et le plexus solaire, à droite de ce dernier avec le pylore, et à gauche avec les vaisseaux spléniques. Quant au bord inférieur, il vient s'appuyer sur le feuillet inférieur du mésocolon transverse.

Son conduit excréteur, le canal de Wirsung, arrivé au niveau de la tête, quitte l'axe de la glande, s'incline en bas et en arrière, vient s'accoler au canal cholédoque, qui traverse la tête dans sa partie postérieure et s'ouvre immédiatement au-dessous de ce dernier, dans l'ampoule de Vater.

PHYSIOLOGIE

Au point de vue physiologique, le suc pancréatique exercerait sur nos matières alimentaires une triple action, par l'intermédiaire de trois ferments, dont deux isolables : la trypsine et l'amylopsine, et le dernier, encore hypothétique : la stéapsine ou saponase.

De ces trois ferments, le premier ou trypsine transforme les matières albuminoïdes. Il n'agit qu'en milieu alcalin, et cette action est particulièrement active en présence de la bile. Il fait deux parts de la peptone qui lui est fournie par l'estomac, l'une, l'antipeptone, qu'il laisse passer, et l'autre, l'hémipeptone, qu'il transforme en leucine et tyrosine, deux acides amidés. L'amylopsine transforme l'amidon en dextrine et en maltose.

Quant à la saponase, que l'on n'est pas encore parvenu à isoler, elle exerce une double action sur les graisses neutres : en premier lieu, une action physique : elle les émulsionne d'une manière stable ; en deuxième lieu, une action chimique : elle les dédouble en acide gras et en glycérine et elle les saponifie, c'est-à-dire, que les acides gras se combinent avec les bases (carbonates de soude, soit du suc pancréatique, soit du suc intestinal) pour donner naissance à des savons alcalins.

Il est à remarquer que ces diverses actions ne sont pas le fait exclusif du suc pancréatique. La trypsine, par exemple, ne ferait que continuer dans l'intestin le processus de peptonisation commencé dans l'estomac. L'amylopsine ne se distinguerait de la ptyaline que par sa quantité plus abondante et son énergie plus grande.

La bile, indépendamment du rôle considérable qu'elle joue en neutralisant le chyme stomacal à son arrivée dans le duodénum, apporterait, d'après Dastre lui-même, un concours indispensable au suc pancréatique pour l'émulsion et l'absorption des graisses.

Enfin, la sécrétion des glandes de Brunner et de celles de Lieberkühn aurait, d'après certains auteurs, des propriétés saccharifiantes.

L'on attribue également au pancréas une sécrétion interne basée sur ce fait, que l'ablation de cet organe chez le chien détermine une glycosurie intense, suivie de mort rapide. Ce trouble ne saurait être attribué soit à la suppression du suc pancréatique, soit à la lésion des plexus nerveux avoisinant le pancréas. Il résulte, en effet, des expériences de Minkowski et du professeur Hédon que là glycosurie peut être conjurée dans le cas d'ablation totale de l'organe toutes les fois que l'on greffe sous la peau de l'abdomen un fragment de tissu pancréatique. Ce serait donc à la suppression d'une véritable sécrétion interne liée aux relations vasculaires de la glande que serait due l'apparition du diabète grave.

Deux théories sont en présence pour l'explication de ce phénomène : d'une part, la théorie du ferment glycolitique de Lépine, qui admet que la sécrétion pancréatique détruit le sucre versé dans le sang par la cellule hépatique, et, d'autre part, la théorie de Chauveau, qui veut que le pancréas exerce une action régulatrice sur la fonction glycogénique du foie.

ANATOMIE PATHOLOGIQUE

Le cancer primitif du pancréas est, d'après Remo Segrée, beaucoup plus fréquent qu'on ne le croit généralement. Sur seize observations consignées dans la thèse de Bonnamy, il est six fois primitif et dix fois secondaire. Il se présente à nous sous deux grandes formes histologiques : le squirrhe et l'encéphaloïde ; la plus grande fréquence de l'une ou de l'autre forme étant admise tour à tour par Ancelet et Bonnamy. Quant aux cancers colloïde et mélanique, ils seraient fort rares et toujours secondaires.

Quelle que soit sa variété, il prend naissance soit au niveau des canaux sécréteurs, soit au niveau des acini glandulaires ; cette dernière origine étant de beaucoup la plus fréquente, d'après Bard et Pic.

Du volume d'une orange, l'épithéliome primitif siège surtout au niveau de la tête, dans la proportion de onze fois sur quinze (Lancereaux). Il se généralise rarement au reste du parenchyme et détermine l'oblitération et la dilatation en amont du canal de Wirsung avec la sclérose de l'organe accompagné parfois de tous les signes de l'insuffisance pancréatique.

Indépendamment des accidents de compression sur les organes voisins (cholédoque, duodénum, colon aorte, veine cave, veine porte,) et des adhérences qu'il se crée (foie, reins, rate), il peut déterminer des névrites, de la péritonite par propagation, des thromboses et embolies cancéreuses et même des hémorragies foudroyantes par l'ulcération des artères mésentériques.

SYMPTOMATOLOGIE

Nous voyons donc que les principaux symptômes de cette affection sont : d'une part, les accidents déterminés par la compression de la tumeur sur les organes voisins, et d'autre part, les signes de l'insuffisance pancréatique résultant de l'oblitération du canal de Wirsung et de la sclérose de l'organe.

A côté de ces deux grandes classes de symptômes se trouvent d'autres signes qui semblent relever plus directement du processus epithéliomateux, tels que la cachexie, tumeur, douleurs, adénopathies, troubles fonctionnels, généraux, etc.

La première chose qui frappe, à l'examen d'un malade atteint de cette affection, est l'état prononcé d'amaigrissement dans lequel il se trouve. Cet amaigrissement commence dès le début de la maladie. Il est non seulement intense, mais excessivement rapide, à tel point que, dans l'espace de quelques semaines, le malade se trouve réduit à l'état de véritable squelette. Il semble dû vraisemblablement non seulement à la dégénérescence du Pancréas, mais encore à la suppression des fonctions hépatiques, ou à quelque lésion secondaire grave, telle que le rétrécissement du pylore et du duodénum.

A l'appui de cette opinion, on peut citer les observations d'Abercrombie et de Claissen relatives à des cas d'individus morts avec tous les caractères de l'obésité et à l'autopsie desquels on trouvait le pancréas absolument détruit par la dégénérescence graisseuse.

Cette cachexie rapide s'accompagne fréquemment de douleurs siégeant à l'épigastre, s'irradiant quelquefois dans l'hypocondre droit et dans le dos, jamais dans l'épaule droite. Leur maximum siège en un point situé entre l'appendice xyphoïde et l'ombilic, à environ deux ou trois travers de doigt au-dessus de ce dernier. (Salles-Vernay).

Elles peuvent être considérées comme constantes puisque da Costa les a rencontrées 32 fois sur 37 cas. Elles sont profondes, souvent d'une grande intensité avec accès paroxystiques, à tel point qu'un malade de Morgagni prétendait qu'elles lui donnaient la sensation de chiens lui déchirant le foie.

Elles peuvent être provoquées par l'ingestion d'aliments, la pression, ou exaspérées par la situation verticale, alors que la situation assise ou penchée en avant tendrait à les faire diminuer.

Vernay qui les a fort bien étudiées en a décrit deux formes : la première, caractérisée par des douleurs locales, abdominales, ayant tous les caractères précédemment décrits. Elles apparaîtraient fréquemment la nuit, sans cause aucune, et seraient de courte durée, environ dix minutes à un quart d'heure. Par contre, elles se répèteraient fréquemment.

Quant à la seconde forme, elle rappellerait absolument le tableau de l'angine de poitrine et ne s'en distinguerait que par les vomissements alimentaires bilieux et quelquefois graisseux qui l'accompagnent d'habitude.

L'un des signes les plus importants est la perception d'une tumeur au niveau de l'épigastre. Cette tumeur peut être constatée par la palpation, la percussion et quelquefois même par l'auscultation.

Pour la palpation, il est bon que l'estomac et, si possible l'intestin soit dans un état de vacuité parfait. Le malade doit être à jeun ; on peut même recommander l'administration préalable d'un lavement ou d'un purgatif. L'exploration doit se pratiquer sur le malade placé dans le décubitus dorsal ou couché alternativement sur l'un ou l'autre côté, les parois abdominales complètement relâchées pour ne pas confondre la sensation fournie par les muscles droits contractés avec celle fournie par la tumeur. Dans le cas où ces muscles constitueraient un obstacle pour l'examen, on peut avoir recours à la chloroformisation.

La tumeur est perçue dans un tiers environ des cas. Elle est bosselée, quelquefois allongée transversalement, et siège à l'épigastre entre l'appendice xyphoïde et l'ombilic. Il peut arriver que le foie, considérablement augmenté de volume, vienne recouvrir en partie le pancréas et oppose un obstacle insurmontable à sa perception.

Quant à la percussion, elle s'exerce par la région abdominale antérieure, ou encore par la région dorso-spinale avec le plessimètre de Piorry.

Les signes fournis par cette méthode ne peuvent avoir de valeur qu'autant que les organes voisins peuvent être délimités (Bœchrel). En effet, pour que le pancréas soit incriminé. il faut non seulement que l'on puisse constater l'existence d'une tumeur siégeant entre l'ombilic et le foie mais encore que la matité de cette tumeur soit séparée de celle du foie par une zone sourde. S'il y a propagation à l'estomac ou à l'épiploon il y a matité généralisée à l'épigastre et rien n'empêche d'attribuer à un épithéliome primitif les noyaux secondaires de l'un ou l'autre de ces organes.

L'auscultation peut parfois être de quelque utilité On entend, en effet, dans certains cas, le malade étant placé dans le décubitus dorsal, un bruit de souffle par suite de la compression de l'aorte (Salles). Il peut même arriver que les battements de ce vaisseau soulèvent la tumeur, ce qui pourrait faire croire qu'elle est de nature pulsatile.

On peut citer comme pouvant prêter à la confusion les tumeurs de l'estomac, du duodénum ou même la dégénérescence cancéreuse des ganglions mésentériques.

A côté de ces signes se trouvent les symptômes habituels de tout épithéliome, quel que soit son siège, c'est-à-dire l'anémie, la leucocytose, et surtout l'adénopathie ganglionnaire à laquelle certains auteurs attribuent une valeur diagnostique des plus importantes. Jusqu'à ces derniers temps on avait l'habitude de rechercher dans le creux sus-claviculaire les indices de l'épithéliome. Or, d'après Jaccond, dans le cas spécial qui nous occupe, l'induration des ganglions de cette région n'a qu'une importance secondaire vis-à-vis de celles des ganglions de l'aine. En effet, les premiers seraient toujours consécutifs aux seconds pourraient même manquer, et enfin peuvent être déterminés par la tuberculose. Par conséquent l'induration des ganglions inguinaux associés à d'autres symptômes peut être considéré comme un indice précieux de carcinomatose abdominale.

Mais ces signes ne sont pas les seuls. Les organes voisins envahis ou comprimés par la tumeur ne tardent pas à manifester leur souffrance par des symptômes variés et souvent bruyants. De ce nombre, le cholédoque est, en raison de sa situation, le plus fréquemment atteint. Son oblitération par l'obstacle qu'elle apporte au cours de la bile détermine tous les signes de l'obstruction biliaire. L'ictère s'établit insidieusement, et cet ictère progressif, ne présentant jamais aucune rémission finit par acquérir une belle teinte olivâtre. Il s'accompagne d'une distension énorme de la vésicule biliaire que l'on perçoit à droite du muscle grand droit sous la forme d'une tumeur sphérique, pouvant atteindre les dimensions d'un œuf d'autruche et présentant des parois lisses, tendues, rénitentes. Le foie conserve son volume normal et il est fort rare de rencontrer de l'ascite. La température est habituellement hyponormale ; elle peut même atteindre des chiffres extrêmement bas. Roux a pourtant noté, dans le cours de l'ictère, des accès de fièvre intermittente qui détermineraient, immédiatement après l'accès, une recrudescence de l'ictère avec diminution de l'urée. Cette fièvre est tierce ou quotidienne. Les accès ne surviennent pas à des heures régulières et sont plutôt vespéraux que matutinaux.

Les troubles urinaires qui accompagnent l'ictère se bornent à un peu de dysurie, quelquefois à de l'anurie plus ou moins complète ; on note encore l'apparition de pigments biliaires dans l'urine, et une albuminurie presque constante. Toutefois, cette albuminurie pourrait être simplement le résultat de l'élimination par le rein des pigments biliaires. (Bard et Pic.)

Les matières fécales sont naturellement décolorées; elles s'accompagnent de constipation au début et souvent de diarrhée à la fin. Ajoutez à cela un amaigrissement et une cachexie rapide.

A quelle époque apparaît l'ictère ? Les uns le considèrent comme un symptôme du début de l'affection (Bard et Pic), tandis que d'autres prétendent qu'il ne ferait que précéder de fort peu la terminaison fatale de la maladie (Roux).

Quoi qu'il en soit, il paraît être dû à la compression ou l'oblitération du cholédoque. Pourtant, Monod nous cite deux observations de cancer du pancréas accompagné d'ictère chronique et où l'autopsie montrait un canal cholédoque complètement perméable : il pouvait même y introduire un stylet. Du reste, le duodenum contenait de la bile, preuve évidente de la perméabilité du canal. Ces observations ne faisaient que confirmer celles de Griffon dans lesquelles la perméabilité avait été soupçonnée, en constatant la recoloration des selles à certains moments.

On a proposé diverses théories pour expliquer ce fait. Brault n'y voit que l'influence de phénomènes mécaniques tels que la coudure du cholédoque. Cornil admet parfaitement qu'un canal soit perméable après la mort, bien que ne l'étant pas pendant la vie. Il y a, dit-il, des conditions de contractilité du canal dont il faut tenir compte. Peut-être s'agit-il aussi de congestion catarrhale de la muqueuse, congestion s'accompagnant de turgidité qui disparaît après la mort.

La compression du duodenum et du pylore détermine une dilatation stomacale énorme. Cette dilatation s'accompagne de vomissements aqueux, alimentaires, quelquefois graisseux, augmentant rapidement de fréquence et d'intensité.

Rhan signale un cas de compression du cardin.

La gêne de la circulation de la veine porte se traduit par une ascite progressive, celle de la veine cave inférieure par un œdème des jambes, œdème qui, nous nous hâtons de l'ajouter, est fort rare.

Le cancer de la queue peut également comprimer l'urétère gauche et déterminer par suite tous les signes de l'hydronéphrose.

L'occlusion intestinale avec tout son cortège de symptômes résulte souvent de la compression du colon.

Enfin l'envahissement du plexus solaire provoque l'apparition d'une teinte bronzée qui rappelle absolument la maladie d'Addison.

Ces signes de compression ne sont pas les seuls que produit la tumeur. Elle apporte également un trouble profond aux fonctions de la glande, tant par l'oblitération du canal de Wirsung que par l'envahissement du parenchyme. Cette souffrance de l'organe se traduit par des signes précieux pour le diagnostic, mais qui malheureusement ne sont pas constants, comme l'établissent les conclusions de Remo Segrée basées sur 1142 autopsies faites à l'hôpital de Milan, dont 129 se rapportent au cas spécial qui nous occupe.

L'un des principaux symptômes est celui qui est relatif au trouble apporté à la digestion des matières grasses. Ces matières, sur lesquelles l'action du suc pancréatique et souvent de la bile ne peut se faire sentir, passent dans les selles. La stéarrhée est alors constituée. Bonnamy, qui en a fait une étude détaillée, dit que les selles peuvent revêtir plusieurs aspects. L'on a affaire, le plus souvent, à des globules de grosseur variable, de consistance butyreuse, fondant par la chaleur et brûlant comme une bougie. Elles surnagent parfois et forment, au-dessus des matières liquides, une espèce de pellicule qui se fige comme du bouillon. Pour s'assurer que cette pellicule est réellement de la graisse, on peut en mélanger une certaine quantité avec de l'éther. On constate alors si l'on trempe un morceau de papier dans ce mélange, que ce papier, une fois l'éther évaporé, reste transparent comme s'il avait été trempé dans l'huile.

La stéarrhée s'accompagne de troubles digestifs variés (anorexie, dégoût des matières grasses, etc.), d'amaigrissement rapide et de diarrhée. D'après

Ramos et Cochez, cette diarrhée serait due à l'action exercée par les graisses sur le tube digestif, action qui offrirait une certaine analogie avec celle de l'huile de ricin.

On a longtemps incriminé le pancréas comme la seule et unique cause de la stéarrhée. Toutefois, le peu que nous savons de la physiologie de la bile nous permet de croire que si le suc pancréatique joue un rôle prépondérant dans la digestion des matières grasses, ce rôle ne saurait être exclusif.

Dans cet ordre d'idées, on peut citer l'opinion assez curieuse de Sappey. Il prétend que l'apparition de la stéarrhée est liée non seulement à l'absence du suc pancréatique dans l'intestin, mais encore au défaut d'absorption des graisses. Les dégénérescences cancéreuses du pancréas auraient pour effet, d'après lui, de comprimer les gros troncs lymphatiques et de s'opposer par conséquent au passage du chyle dans le canal thoracique. Il en résulterait la stagnation des matières grasses dans l'intestin et leur mélange aux matières stercorales.

Toutefois, à l'encontre de cette opinion, Ancelet, Friedreich et Clarke ont signalé ce fait curieux, la persistance de la stéarrhée, malgré la suppression de toute graisse dans l'alimentation. Il ne resterait donc qu'à se rallier à l'opinion de ces auteurs, qui prétendent que cette graisse provient de la désassimilation des tissus.

La glycosurie vient à son tour traduire le trouble apporté à la sécrétion interne du pancréas. Elle s'accompagne de polyurie, de polyphagie, mais ces signes sont peu prononcés. Elle ne paraîtrait, semble-t-il, que lorsque le tissu de la glande est absolument détruit. Toutefois, il est à remarquer qu'elle disparaît quelque temps avant la terminaison fatale.

Ce serait, d'après Remo Segrée, un symptôme des plus inconstants.

Il en serait de même pour la lipurie ou apparition de graisse dans les urines, qui ne se rencontrerait même que d'une façon tout à fait exceptionnelle.

Pendant un certain temps, la clinique a cru trouver dans le signe de Sahli un précieux moyen de diagnostic. Ce signe est basé sur le fait de la décomposition du salol dans l'intestin en présence du suc pancréatique, en acide salycilique et phénol. Ces deux corps seraient résorbés rapidement et ne tarderaient pas à apparaître dans les urines, où leur présence pourrait être décelée. Par conséquent, toutes les fois qu'après injection du salol, l'examen des urines serait négatif, on pourrait incriminer l'oblitération du canal de Wirsung. Malheureusement trop nombreux sont les cas où le signe de Sahli est resté négatif en présence de l'épithéliome du pancréas, pour que l'on puisse lui conserver toute son importance primitive (Remo Segrée).

On s'est basé également sur l'analogie de structure que présente le pancréas avec les glandes salivaires, pour prétendre qu'une tumeur de cet organe devait se manifester par une salivation exagérée.

Enfin, Vernay aurait, paraît-il, à deux reprises

différentes, constaté que le malade se plaignait d'éprouver dans l'arrière-gorge une sensation de gravier. Cette sensation était toujours accompagnée d'une soif vive L'examen de la gorge ne montrait ni sécheresse anormale, ni granulations du pharynx.

FORMES CLINIQUES

Tous ces symptômes peuvent, en se combinant de différentes façons, ou suivant la prédominance acquise par l'un d'eux, donner naissance à des formes variées. Cette diversité est même telle que l'accord ne s'est pas encore fait entre les différents auteurs sur la nomenclature à adopter.

L'une des plus anciennes en date est celle de Vernay qui, pour l'établir, s'est plutôt basé sur une vue de l'esprit que sur les résultats de l'expérience. Il admet deux grandes classes cliniques, d'une part les formes typiques, qui seraient constituées par les signes fournis en propre par le pancréas et, d'autre part, les formes frustes qui ne contiendraient que les symptômes de la compression ou de l'envahissement des organes adjacents par le processus néoplasique.

Dans la première catégorie, il ferait rentrer en premier lieu une forme douloureuse pouvant se présenter sous deux aspects, suivant le caractère des douleurs. Tantôt, en effet, elles affecteraient la forme cardialgique, qui rappellerait l'accès d'angine de poitrine, tantôt ce seraient les douleurs locales abdominales, présentant tous les caractères précédemment décrits. La seconde forme engloberait tous les troubles apportés à la nutrition par la suppression du suc pancréatique ; l'un de ses principaux symptômes serait la glycosurie.

Quant à la seconde catégorie, elle se composerait d'une part, des signes de compression du cancer sur les organes voisins, aorte (anévrisme), voies biliaires (ictère chronique) veine porte (ascite), et d'autre part, de ceux fournis par la propagation du néoplasme au foie et à l'estomac.

- *Formes typiques*
  - forme douloureuse
    - douleurs locales abominales.
    - accès cardialgiques
  - troubles de la nutrition : Diabète.

- *Formes frustes*
  - compression
    - des voies biliaires (ictère chronique.
    - de la veine porte (ascite).
    - de l'aorte (anévrisme).
  - propagation
    - cancer du foie.
    - cancer de l'estomac.

Quatre ans plus tard, deux auteurs MM. Bard et Pic faisaient franchir à la question une distance énorme par la description du syndrome qui porte leur nom. Ils démontraient que le cancer primitif de la tête s'accompagne d'un ictère bronzé, progressif et sans rémissions. La vésicule biliaire est toujours dilatée. Parfois il y a douleur et tumeur épigastriques.

A côté de ses signes positifs, nous avons comme

signes négatifs, l'absence de tuméfaction du foie et l'absence d'ascite.

La cachexie est des plus accusées, l'apyrexie est la règle. La température atteint quelquefois la période ultime des chiffres extrêmement bas. Enfin, du côté des organes urinaires, on a de la dysurie, quelquefois de l'anurie plus ou moins marquée et une albuminurie constante.

Cette forme clinique répond naturellement à la majorité des cas. Mais Bard et Pic ont eu le tort de généraliser trop vite et de l'ériger en syndrôme absolu et exclusif. Toutefois elle a conquis définitivement droit de cité et si nous voyons dans les classifications ultérieures les auteurs décrire à côté d'elle des types différents, tout au moins ne songent-ils pas à mettre en doute son entité clinique.

C'est ainsi que nous le retrouvons dans la thèse de Parisot en 1892. Ce dernier à côté du type Bard et Pic en admet trois autres : le premier déterminé par la compression du duodénum et caractérisé par une dilatation stomacale énorme, accompagné de troubles digestifs variés et surtout de vomissements alimentaires, aqueux et quelquefois graisseux, le tout déterminant une cachexie rapide. Dans le second, la cachexie à elle seule dominerait la scène. Enfin, dans le troisième, la néoplasie serait absolument latente, et ne se manifesterait par aucun signe caractéristique. Ce ne serait souvent que la période de début des trois formes précédentes.

Mirallié est beaucoup plus simple. Il voit deux phases dans l'évolution de l'épithéliome. L'ictère avec tout son cortège de symptômes, tel que le décrivent Bard et Pic, n'apparaîtrait qu'à la période tout à fait terminale de la maladie. Il serait précédé de tous les signes de l'insuffisance pancréatique et en particulier de la glycosurie et de la stéarrhée qui disparaitraient au début de la période ictérique.

Perdu, dans une thèse, faite sous l'inspiration du professeur Renaut, décrit quatre formes cliniques principales. La première, ou forme ictérique, présenterait deux subdivisions : à côté du type Bard et Pic s'en trouverait un second, plus atténué, et qui serait surtout caractérisé par ce fait que la vésicule ne serait pas perceptible à la palpation. La seconde ne serait autre que la forme à sténose pylorique précédemment décrite. La troisième serait caractérisée par la glycosurie et enfin dans la quatrième ce serait les douleurs qui constitueraient le symptôme prédominant, sinon exclusif.

Une dernière classification devait nous être fournie par Pic et Tolot. Ces deux auteurs, tout en conservant au syndrôme Bard et Pic presque toute sa valeur et en le considérant comme le type clinique de l'épitéliome de la tête, admettent cependant qu'il peut manquer et qu'il peut être remplacé par d'autres formes qu'ils considèrent comme exceptionnelles. Ces formes seraient caractérisées : 1° par la simple cachexie; 2° par les symptômes du diabète ; 3° par l'ascite 4° par la sténose pylorique.

PRONOSTIC. — MARCHE

Le pronostic d'une telle affection est nécessairement fatal. La durée de cette affection oscille entre un mois, et six à huit mois. La mort survient du fait de la cachexie progressive. Toutefois, il peut survenir une complication quelconque qui hâte la terminaison, telle que péritonite, embolie cancéreuse ou ulcération des artères mésentériques.

DIAGNOSTIC

Le diagnostic présente ici une difficulté d'autant plus réelle qu'il s'agit non seulement de rattacher tous les symptômes constatés à leur véritable cause, mais encore de déterminer le siège exact de la tumeur. On se basera pour l'établir, principalement sur les signes de compression. Ce n'est pas qu'il faille négliger tout ce qui se rattache à l'insuffisance pancréatique, mais les symptômes par lesquels elle se manifeste soi-disant sont des plus inconstants et ne présentent d'ailleurs pas tous la même valeur.

De ce nombre, la stéarrhée seule a une réelle importance, Le reste peut être considéré comme accessoire. Pour n'en citer qu'un seul cas : la glycosurie n'apparaît qu'une fois sur quatre (Guillon, Th. Paris, 1898), disparaît à la période ultime, et relève de causes si diverses qu'elle ne peut guère que contribuer à égarer le diagnostic.

Un certain nombre de signes peuvent nous mettre sur la voie : ce sont ceux qui forment le cortége habituel de tout épithéliome : âge avancé, tumeur, douleur, adénopathie et cachexie précoce.

La cachexie s'impose suffisamment à l'attention par sa rapidité et son intensité.

La tumeur se distingue par son siège spécial et la zone de sonorité qui lui est susjacente. Elle ne sera pas confondue avec un kyste, grâce à l'absence de fluctuation.

Les douleurs, avons-nous dit, s'offrent à nous sous deux aspects cliniques différents. Tantôt elles sont locales, abdominales, tantôt elles affectent la forme d'accès cardialgiques.

Les premières ne s'irradient jamais dans l'épaule droite, caractère qui les différencie des coliques hépatiques.

On a voulu les rapprocher des coliques saturnines. Les muscles de l'abdomen peuvent, en effet, présenter dans quelques cas un certain degré de rétraction, accompagné de tension et de dureté. Or, il suffira de se rappeler que la douleur pancréatique est péri et non sus-ombilicale, les signes de l'intoxication par le plomb étant complètement mis à part.

Quant à la forme cardialgique, elle diffère de l'angine de poitrine par la coexistence presque constante de vomissements aqueux, alimentaires et quelquefois graisseux.

Il en est de même de la plupart des signes de compression qui réclament pour la clarté du diagnostic l'existence de symptômes concomitants.

L'ascite et l'ictère, entre autres, sont des symptômes communs à bien des maladies du foie. Toutefois, ces diverses maladies s'éliminent assez facilement. C'est ainsi que la lithiase, indépendamment du caractère des douleurs et de la présence de calculs dans les selles se caractérise par un ictère à début brusque, ordinairement précédé de violentes coliques.

Les cirrhoses se différencient par leur marche particulière et par la présence dans les urines du pigment du foie malade : l'urobiline. Enfin, les cancers du foie ou de la vésicule nous présentent, à la palpation, de l'induration accompagnée de bosselures caractéristiques.

Mais le signe primordial, celui qui permet de différencier l'ictère épithéliomateux de tous les autres, est sa marche progressive et sans rémissions. Ce caractère, joint à quelques autres, constitue l'entité clinique de Bard et Pic, que nous considérons, avec quelques auteurs, comme le syndrome, sinon pathognomonique, du moins, le plus fréquent du cancer primitif de la tête du pancréas. C'est, du reste, le seul diagnostic de siège que nous puissions poser avec quelque certitude, le cancer de la queue étant souvent confondu, quand il est décelé, avec l'épithéliome de l'estomac, et celui du corps ne pouvant guère être que soupçonné, en raison de la teinte bronzée qui résulte de l'envahissement du plexus solaire.

Ce type de Bard et Pic a donc fourni à la clinique un élément précieux pour le diagnostic. Malheureusement, ses auteurs ont eu le tort de l'ériger en syndrome un peu trop absolu et de le considérer comme un accident de la période initiale. Ne trouvons-nous pas, dans un traité classique, le début de l'ictère fixé à six ou huit mois avant la terminaison fatale ? Autant lui assigner comme durée celle de l'évolution même de la maladie. Sur le premier point, l'un des auteurs est revenu récemment sur son opinion et a admis, à côté du type primitif, des formes dites anormales. Quant au second, une observation, recueillie dans le service de M. le professeur Rauzier, nous permet de croire également que les données du problème ne doivent pas être maintenues dans des termes aussi absolus.

Observation

Dès les premiers jours d'août, nous étions frappés par la coloration jaunâtre et progressivement foncée d'un malade, F... Alexandre-Noël, couché au n° 21 de la salle Fouquet, et entré quelques semaines auparavant dans le service pour une poussée subaiguë de bronchite emphysémateuse. Très amélioré, au point de vue bronchique, le malade accusait surtout, à ce moment, des symptômes de dyspepsie, il se plaint d'une anorexie absolue, d'un amaigrissement progressif et de douleurs abdominales, le tout datant de quatre mois environ. Les douleurs, peu accentuées et d'intensité modérée, s'exagèrent après les repas et, du centre épigastrique irradient dans tout l'abdomen ; elles s'accompagnent de quelques vomissements et d'une constipation habituelle. La teinte ictérique a commencé à se manifester il y a une quinzaine de jours et n'a fait que s'accroître depuis lors ; antérieurement, le teint du sujet était mat et brun. Il n'existe pas de douleur dans l'épaule droite, mais le malade se plaint de pénibles démangeaisons sur tout le corps. Aucun trouble de la miction, en dehors de la nécessité de se lever deux ou trois fois la nuit pour uriner ; le malade accuse quelques fourmillements au bout des doigts, des éblouissements et de rares maux de tête ; il n'y a pas d'albumine dans les urines ; jamais le malade n'a présenté d'œdèmes.

On ne relève rien d'anormal dans les antécédents, en dehors d'une susceptibilité catarrhale ancienne, d'un essoufflement habituel et de fréquentes poussées de bronchite aiguë, jamais suivies d'hémoptysies. Le malade n'est pas alcoolique et n'a pas eu la syphilis.

A l'examen, on constate que le malade est extrêmement amaigri ; son teint est d'une couleur jaune foncée, olivâtre, tendant vers le noir. L'abdomen est un peu ballonné, modérément tendu, douloureux à la pression de la région pylorique ; le palper révèle une tumeur très limitée occupant la place de la vésicule biliaire et du pylore ; l'estomac est dilaté ; le foie paraît petit. Il n'existe pas d'ascite ; on trouve des ganglions dans les aines, mais non dans les régions sus-claviculaires ou axillaires ; la langue est normale.

Au côté du thorax on enregistre quelques signes de bronchite, de la rudesse respiratoire, de l'expiration prolongée ; à la base droite, il existe quelques frottements. Le cœur est normal ; les artères sont dures.

Après élimination successive des diagnostics de cancer du pylore, cancer du foie, cancer des voies biliaires, le diagnostic de cancer primitif de la tête du pancréas est porté en raison de la prépondérance que paraissent avoir, en l'espèce, les deux symptômes suivants : 1° la teinte foncée progressivement acquise de l'ictère ; 2° la cachexie rapide.

Il n'existe, toutefois, aucune trace de sucre dans

les urines, l'observation quotidienne ne signale pas de stéarrhée ; le perchlorure de fer décèle de très légères traces d'acide salicylique dans les urines, 24 heures après l'ingestion d'un gramme de salol.

Quant à la tumeur, perçue dans la région pylorique, trop superficielle pour être rapportée au pancréas, elle est attribuée à quelque localisation secondaire (foie, voies biliaires ou péritoine), sans qu'il soit possible d'en préciser l'origine d'une façon bien exacte.

La cachexie progresse avec rapidité et les douleurs augmentent, au point de nécessiter plusieurs injections de morphine chaque jour ; le dégoût devient insurmontable, les vomissements augmentent de fréquence et le prurit s'exagère au point de constituer un véritable supplice. Enfin le malade succombe le 5 septembre, cinq mois après le début des accidents.

Autopsie. — Le cadavre prodigieusement émacié offre une teinte olivâtre des plus foncées.

A l'ouverture de l'abdomen, il s'écoule un demi-litre environ de liquide ascitique fortement teinté par la bile, et l'on aperçoit immédiatement des placards blanchâtres irréguliers et tomenteux qui infiltrent l'épiploon gastro-hépatique et l'épiploon gastro-colique, ainsi qu'un champignon blanchâtre émergeant de la surface du foie, au méninge du bord antérieur de son lobe gauche.

L'examen approfondie du *foie* ne révèle aucun accroissement de volume de l'organe, qui est au contraire petit et pèse seulement 900 grammes.

Indépendamment de la néoplasie signalée plus haut et qui a le volume d'une petite noix, le foie contient à sa surface et dans son épaisseur une quantité de petites néoplasies du volume d'un pois ou d'une lentille, de colorattion blanchâtre et de consistance dure claire, parsemée de « taches de bougie », l'organe a l'apparence classique du foie secondairement cancéreux.

Les *voies biliaires*, très dilatées, contiennent sous pression une bile claire qui s'échappe en abondance au moment de l'incision. Le canal cystique est infiltré de substance néoplasique et sa lumière se trouve obstruée au point d'être absolument imperméable ; la vésicule biliaire, ainsi soustraite à l'apport de la bile, est petite et en voie d'atrophie (1).

Le *pylore* est normal, la paroi stomacale n'offre aucune altération ; la rate et les seins ne présentent point d'anomalie.

Lorsqu'on palpe les parois de l'estomac demeuré en place, on sent, en arrière de la paroi postérieure de l'organe, une induration étendue. Après ablation de l'appareil gastrique, on constate qu'il s'agit d'une volumineuse néoplasie, de consistance dure et d'aspect lardacé, occupant la place de la tête du pancréas, et englobant dans son épaisseur le canal cholédoque et le canal de Wirsung. La plus grande partie du pancréas est ainsi infiltrée de matière cancéreuse et seule une fraction minime de la partie caudale paraît indemne.

Du côté du *thorax*, le poumon gauche, libre d'adhérences, sphérique et très pigmenté à sa surface, est légèrement emphysémateux ; il présente, dans la région du sommet, une cicatrice pigmentée.

Le poumon droit est très adhérent : emphysémateux comme son congénère, il est moins pigmenté. A sa partie postéro-supérieure, on constate une induration étendue, irrégulière dans sa distribution, fortement pigmentée à la coupe, présentant tous les caractères de la broncho-pneumonie chronique.

Dans la partie du diaphragme comprise entre le foie et le poumon droit, se trouvent deux petites tumeurs reliées par des adhérences à la base du poumon. L'une d'elles, du volume d'une petite noisette, est très dure et arrondie ; elle est formée d'une paroi épaisse, d'aspect stratifié, et d'un contenu caséeux ayant la consistance du mastic de vitrier. L'autre, plus étalée, se compose d'une paroi moins épaisse que la précédente, mais incrustée de sels alcalins et d'un contenu blanchâtre et ramolli.

Le cœur est petit, contracté en systole ; toutes les valvules sont intactes ; la paroi aortique est fortement colorée par la bile ; la médiation renferme quelques ganglions.

Cette observation confirme ce que nous connaissons déjà sur la durée totale de la maladie. La mort est survenue cinq mois après le début des accidents, et cela, semble-t-il, par le seul fait de la cachexie progressive. Aucun accident particulier tel que péritonite, thrombose, embolie cancéreuse, ulcération des artères mésentériques, ne paraît devoir être incriminé ici. Or, on remarquera que dans cette évolution à type normal, le syndrome Bard et Pic, considéré comme initial par ses auteurs, n'est apparu que quatre semaines avant la terminaison fatale, c'est-à-dire à une époque que l'on peut considérer comme appartenant à la période terminale de cette affection.

CONCLUSIONS

En résumé, nous voyons donc que :

1° Tous les signes, décrits comme relevant ou de la compression déterminée par la tumeur, ou de l'insuffisance pancréatique, ne peuvent être considérés comme constants ;

2° La difficulté du diagnostic est surtout accusée pour le cancer primitif, siégeant soit sur la queue, soit sur le corps du pancréas ;

3° Le diagnostic du cancer de la tête se fait principalement par les signes de compression et surtout à l'aide du syndrome décrit par Bard et Pic ;

4° Ce syndrome, considéré par ses auteurs comme un signe précoce, peut quelquefois n'apparaître qu'à la période terminale de l'affection.

BIBLIOGRAPHIE

1670. **Hertodius à Totenfeld** (J. F.). — Cancrosum ulcus pancreatis. Inisc. Acad. nat. curios., Leps. 1670, I. 230.

1829. **Vidal.** — Cancer du Pancréas. *Clinique. Paris* — 1829, I, 234.

1830. **Dupré.** — Cancer du Pancréas. *Rev. méd. franç. et étrang. Paris* — 1830, III, 235-237.

1830. **Trumpy** (J.). — Cancer pancreatis. *J. de pract. Heilk., Berl.* — 1830, LXXI, 6. st. 35-43.

1831-2 **Andral.** — Cancer du pancréas simulant un anévrisme de l'aorte abdominale. *Gaz. d. hôp. Paris.* 1831-2. V, 61.

1836. **Casper.** — Einiges über den krebs der Bauchspeicheldrüse. *Wchnschr. f. d. ges. Heilk., Berl.* 1836, 433. Einiges über den krebs der Bauchspeicheldrüse *Wenschr. f. d. ges. Heilk., Berl.* 1836, 449.

1836-7. **Hamon** (C.). — Apoplexie cérébrale ; cancer du foie et du pancréas, hypertrophie du cœur, mort. *Bull. clin.. Paris.* 1836-7. II, 129-134.

1840. **Holscher** (G.-P.). — Krebsige Entartung des Pancreas. Hannov. Ann. f. d. ges Heilk., 1840, V, 360-362.

1840. **Pauli** (F.). — Beleuchtung eines Falles von krebs der Bauchspeicheldrüse, mitgetheilt von Casper in dessen Wochenschrift für d. ges. Heilk., 1836, n° 28, s. 439 und einer Kritik dieses Falles von Krüger-Hanses in Med. Argos. II, 26. 628. *Monatsch. f. Med. Augenh. u. chir. Leipz.*, 1840, III. 287-292.

1843. **Albers.** — Einjacher Krebs des Pancreas. Med. cor. Bl. rhein. u. westfal. Aerzte, Bonn., 1843. II. 144.

1843. Einjacher. Krebs des Pancreas. Med. cor. Bl., rhein. u. westf. Aerzte. Bonn., 1843, II. 131.

1843. Krebs des pancreas mit accessorischer Fessb ildung und melanötischen verknocherten Tuberkelmassen in den Lungen. *Med. Cor. Bl. rhein. u. wessfäl. Aerzte, Bonn.*, 1843. II. 244-246.

1846. **Dupré.** — Cancer du pancéas. *Bull. soc. anat. de Paris*, 1846, 2 éd., 44-46.

1847. **Godart.** — [Phtisis ; tumeurs fibreuses de l'utérus ; cancer de la vésicule biliaire et du pancréas]. *Bull. soc. anat. de Paris*, 1847. XXII, 287.

1849. **Pauli (F.).** — Krebs der Bauchspeicheldrüse. *Med. car. Bl. bayer. Aerzte, Erlang*, 1849, X, 553-557.

1849. **Dowel (M.).** — Cancer of the pancreas and stomach ; jaundice ; rupture of the gall-blader. *Proc. Path. soc. Dubl.*, (1840-49), 1849, 167, 169.

1851. **Russel.** — Cancerous dégénération of the lymphatic glands of the loins, involving the pancreas *Prov. M. A. S. J. Lond.*, 1851, 153.

1852. **Vesselle (A.-P.).** — Du cancer du pancréas Paris.

1852. **Williams.**—Cancer of pancreas ; secondary « tubera » and atrophy of glandcells of the liver ; the doctrine of trausfer of cancer by germs in the blood ; liquor canceris, and cancerous cytoblasts *Med. Times*, Lond., 1852, n. s. V., 131-135.

1854. **Haldane (D.-R.).** — Cancer of the pancreas. *Month. J. m. sc. Lond. a. Edinb.*, 1854, XIX, 77.

1854-5. **Wilcks.** — Colloid cancer of the pancreas. *Tr. Path. soc. Lond.*, 1854-5, VI, 224-228.

1855. **O'Rourk.** — Specimen of cancer of the pancreas. *Am. M. Month. N. Y.*, 1855, III, 139.

1855. **Babington (T.-H.).** — Extensive cancerous degeneration of the pancreas mesentery, and stomach, unattended with urgent symptoms. *Dublin G. J. m. sc.*, 1855, XX, 237.

1856. **Barth.** — Un cancer du pancréas. *Bull. soc. anat. de Paris*, 1856, XXXI, 110.

1857-8. **Byl (Van der).** — Medullary cancer of the common bile-duct ; dilatation of all the biliary ducts ; enlargement of the gall bladder ; cancerous growth in the pancreas ; intende jaundice. *Tr. Path. soc. Lond.*, 1857-8, IX, 228-231.

1857-60. **Da Costa (J.-M.).** [Cancer of the pancreas]. Case and table of 37 cases. *Tr. Path. soc. Phila.*, (1857-60). I, 8, 109.

1858. **Da Costa (J.-M.).** — Cancer of the pancreas. *N. Am. Med. Chir. Rev. Phila.* 1858, II, 883-909.

1858-9 **Forwood (W. S.).**—A case of cancer of the pancreas and stomach. *Med. A. Surg. Reporter, Phila.* 1858-9, I, 125-127.

1858-9. **Demme (Q. A.).** — Medullary cancer of the pancreas. *Med. A. Sug. Reporter, Phila.* 1858-9, I, 77.

1860. **Agnew.** — Cáncer of the pancreas and stomach. *Proc Path. Soc. Phila.* (1857-60), I, 84-86.

1861. **Finger.** — Krebs der Drüsen am das Pancreas, der Nilz und der Nieren war der überraschende Befünd in der Lieche lines 18 lahrigen Drahtbinders. *Vrtljschr. f. d. pratt. Heilt. Prag*, 1861, LXXI, 98.

1861. **Wagner.** — Fall von primärem Prankreaskrebs. *Arch. d. Heil., Leipz.* 1861. II, 285.

1862. **Ineigs (J. F.).** — Cancer of Pancreas. *Med. A., Surg. Reporter, Phila.*, 1862, VII, 107.

1863. **Ward.** — Two cases of cancerous disease of the pancreas. *Lancet. Lond.*, 1863, II, 66.

1863. **Wedekind** (G.). — Primitiver krebs der Bauchspeicheldrüse. *Würzburg*, 1863, 80.

1865. **Labbé** (E.). Cancer primitif du Pancreas. *Bull. soc. anat. de Paris.* 1865, XL, 267-270.

1866. **Lignerolles** (de). — Tumeur cancéreuse de la région épigastrique, s'étendant aux principaux organes de cette région et principalement au pancréas. *Bull. soc. anat. de Paris.* 1866. XLII, 62-65.

1866. **Lignerolles** (de). — Cancer du pancréas. *Bull. soc. anat. de Paris,* 1866. XLII, 38, 40.

1866-7. **Gibbons** (H.). — Case of cancer of pancreas ; autopsy. *Pacific. M. A. S. J. San-Fran.*, 1866-7, IX, 24-27.

1866-70. **Bell** (J. R. F.). — Cancer of the pancreas. *Proc. Path. soc. Phila.* (1866-70), III, 158.

1867. **Hamilton** (J. B.). — Cancer of the stomach and pancreas. *J. Am. m. Ass. Chicago*, 1867, VIII, 630.

1870. **Jayaker** (A. S. G.). — Cancer of the pancreas simulating hepatic abscess ; autopsy. *Indian m. Gaz., Calcutta*, 1870, V, 230.

1870. **Nancrede** (C. B.).— Cancer of pancreas. *Am. J. M. sc. Phila.*, 1870. n. s. LX, 150.

1871. **Reece** (M.). — Cancer of the stomach and pancreas. *Med. A. Surg. Reporter, Phila.*, 1871, XXV, 6.

1872. **Luithlen.** — Zur Casuistik des Pancreas Crebs. *Hemorabilien-Heilbr.*, 1872, XVII, 309-314.

1872. **Mc Collam** (J. H.). — Cancer of the pancreas. *Boston M. A. S. J.*, 1872, IX, 371-373.

1872. **Bowditch.** — Fatty dejections for four years ; cancerous disease of the pancreas and liver. *Boston M. A. S. J.* 1872, LXXXVII, 65-67.

1873. **Finnell.** — Specimen of pancreas the seat of primary cancer. *Med. Rec. N. Y.*, 1873, VIII, 344.

1873. **Smith** (H.). — Serous cyst on thoracic wall ; removal ; death from cancer of the pancreas. *Med. Times A. Gaz. Lond.*, 1873, I, 249.

1873. **Troupeau.** — Cancer du pancréas communiquant avec l'estomac et l'intestin. *France méd. Paris*, 1873, XX, 613.

1873-4. **Bailey** (J. S.). — Cancer of the pancreas, liver, mesentery, and uterus. *Phila. M. Times.*, 1873-4, IV, 667.

1874. **Cutter** (E.). — Case of cancer of the pancreas and modified transfusion of blood. *South. M. Rec. Atlanta*, 1874, IV, 12-16.

1875-6. **O'Hara** (M.). — Soft cancer of the pancreas. *Tr. path. soc. Phila.*, (1875-6), VI, 12.

1878. **Gailez** (de). Cas remarquable de cancer du foie, de la rate, du pancréas et des ovaires chez une femme de 62 ans. *Ann. soc. d'anat. path. de Brux.*, 1878. XXVII, 111-114.

1878. **Deschamps.** — Cancer du Pancreas ; autopsie. *Arch. méd. belges, Brux.*, 1878, 3. s. XIV, 257-259.

1878. **Mackenzie.** — Primary cancer of pancreas, involving commonbile duct; secondary deposits in liver and stomach; lymphatic infection of peritoneum and pleura. *Med. Exam. Lond.*, 1878, IV, 126.

1879. **Johnson.** — Case of primary cancer of the pancreas, with secondary infection of the liver, lumbar and mediastinal glands, etc. *Med. Times a. Gaz., Lond.*, 1879, I, 591.

1879. **Masing.** — Ein Fall von Pancreaskrebs. St-Petersb. *Med. Wchnschr.*, 1879, IV, 263.

1879. **Brechemin (G.).** — Cancer primitif du pancréas; envahissement des gros conduits biliaires; cancer secondaire du foie; érosions hémorragiques de l'estomac. *Bull. Soc. anat. de Paris*, 1879, LIV, 417.

1879. **Allin (E.-M.).** — Cancer of the pancreas. *Tr. N. York Path. Soc.*, 1879, III, 40-42.

1879-80. **Edwards (W.-E.).** — A case of cancer of the pancreas. *Ohio M. Rec., Columbus*, 1879-80, IV, 402.

1880. **Hermann (F.).** — Zur diagnose des Pancreaskrebes. *St-Peters. med. Wchnschr.*, 1880, V, 61.

1880. **Salles (E.).** — Contribution à l'étude du cancer primitif du pancréas. Paris. 1880, 40.

1880. **Cérenville.** — Tumeur cancéreuse du pancréas. *Bull. soc. méd. de la Suisse Rom.*, Lausanne, 1880, XIV, 86.

1880. **Brèchemin (G.).** — Cancer primitif du pancréas, etc. *Progrès méd.*, Paris, 1880, VIII, 70.

1880-81. **Masler (F.).** Ein Fall von Gallerskrebs des Pankreas. *Deutsches arch. f. Klin. Med., Leipz.*, 1880-81, XXVIII, 493-497.

1880-81. **Anders (J.-M.).** — A case of cancer of the pancreas; with secondary deposit in the liver. *Phila. M. Times*, 1880-81, XI, 803.

1881. **Kernig (V.-M.).** — [Case of cancer of pancreas.] *Vrach. St-Petersb.*, 1881, II, 1-3.

1881. **Legendre (P.-L.).** — Cancer du pancréas comprimant les voies bilaires; atrophie du ventricule droit. *Progrès méd.*, Paris, 1881, IX, 684.

1881. **Veyer (G.).** — Ein Fall von Gallerkrebs des pancreas. *Greifswald.* 1880-81.

1881. **Galloupe (J.-F.).** — Cancer of the pancreas. *Boston M. A. S. J.*, 1881, CV, 592.

1881. **Carson.** — Cancer of pancreas. *St-Louis Cour. méd.*, 1881, V, 342-344.

1881. **Moore (N.).** — Cancer of the pancreas. *St-Barth. Hosp. Rep. Lond.*, 1881, XVII, 205-215.

1881. **Legendre (P.-L.).** — Cancer du pancréas comprimant les voies biliaires; atrophie du ventricule droit. *Bull. Soc. anat. de Paris*, 1881, LVI, 186-188.

1881-82. **Musser (J.-H.).** Cancer of the pancreas, duodenum, and mesenteric glands; secondary lymphatic deposit; pericardial adhesions. *Phila. M. Times*, 1881-2, XII, 322-324.

1882-83. **Kidd** (**P.**). — Primary cancer of pancreas. *Tr. Path. Soc. Lond.*, 1882-83, XXXIV, 136.

1883. **Gillar** (**F.**). — Primärer krebs der Bauchspeicheldrüse ; Blütung in die Bauchdecken. *Med. chir. Centralbl. Wien*, 1883, XVIII, 239.

1883. **Prioleau** (**L.**). — Cancer du cæcum. du mésentère. du pancreas. *Bull. Soc. d'anat. et physiol. de Bordeaux*, 1883, IV, 1-5.

1883. **Pereira** (**R.-M.-J.**). — De diagnostico differencial entre o cancro do estomago é o do pancreas. Rio-de-Janeiro.

1883. **Ramey.** — Cancer du pancreas. *Bull. Soc. d'anat. et physiol. de Bordeaux*, 1883, IV, 24.

1883. **Madre** (**C.-A.**). — Etude clinique sur le cancer primitif et secondaire du pancréas. Paris. n. o. 181.

1883. **Verchères.** — Cancer primitif des ganglions parotidiens ; cancer des ganglions abdominaux ; envahissement du pancréas et des parois du canal cholédoque. *Bull. Soc. anat. de Paris*, 1883, LVIII, 20-23.

1883. **Bastian** (**C.**). — Case of cancer of the pancreas, with secondary nodules in other internal organs and in the sçin ; autopsy. *Med. Times a. Gaz Lond.*, 1883, I, 61.

1883-4. **Anderson** (**M.-C.**). — Notes of a case of malignant disease of the pancreas. *Tr. Glasg. Path. a. Clin. Soc.*, 1883-4, 1, 24-26.

1883-4. **Ramey.** — Cancer du pancréas avec carcinome du foie et tubercules cancéreux disséminés dans les deux poumons. *J. de méd. de Bordeaux*, 1883-4, XIII, 232.

1883-4. **Dixon** (**G.-A**). — Cancer of the pancreas. *Phila. M. Times.* — 1883-4, XIV, 472.

1884. **Vernay** (**J.**). Etude clinique et anatomo-pathologique du cancer du pancréas. Lyon, 1884.

1884. **Benett** (**C.-D.**). — A case of cancer of the pancreas and omentum. *Med. Rec. N. Y.* 1884, XXV, 695.

1884. **Barbillon.** — Cancer du pancréas. *Bull. soc. anat. de Paris*. 1884. LIX, 86-88.

1884. **Anderson** (**M.-C.**). — Notes of a case of malignant disease of the pancreas. *Glasgow M. J.*, 1884. XXI, 59.

1884. **Barbillon.** — Cancer du pancréas. *Progrès méd. de Paris*, 1884, XII, 536.

1885. **Jaccoud.** — Sur le cancer du pancréas. — Généralisation d'un sarcome. *J. de méd. et chir. prat.* Paris, 1885, LVI, 394-397.

1885. **Aphel.** — Caso di cancro al pancreas. *Gazz. med. di Torino*, 1885, XXXVI, 179-181.

1885. **Bohn.** — Krebs der Leber, der portalen und retroporitonealen Lymphdrüsen und des Pankreas bei einem halbjährigen kinde. *Jahrb. f. Kinderh., Leipz.*, 1885, N. F. XXIII, 144-146.

1885-6. **Armstrong.** — Primary cancer of pancreas, with secondary deposits in other organo. *Canada M. Rec. Montreal*, 1885-6, XIV, 555.

1886. **Verardini (F.).** — Cancer del pancreas. *Rev. méd. de Sevilla*, 1886. VIII, 129, 108.

1886. **Welch (G.-T.).** — Cancer of the pancreas. *Tr. M. soc. N. Jersey*, 1886, 231.

1886. **Garnier (R.).** — Cancer de la tête du pancréas généralisé au foie. *Progrès méd.*, Paris, 1886, 2, IV, 1037. — *Bull. soc. anat. de Paris*, 1886. LXI, 472-474.

1886. **Verardini (F.).** — Cancer del pancreas. *Rev. méd. de Sevilla*, 1886. VIII, 200.

1887. **Dalton (H.-C.).** — Cancer of pancreas and duodenum ; autopsy. *St-Louis Cour. med.*, 1887. XVIII, 134.

1887. **Jamieson (R.-A.).** — Cancer of the pancreas, not diagnosed during life. *China M. Miss. J. Shanghaï*, 1887, I, 8-10.

1887. **Ramos et Cochez.** — Relation de deux cas de cirrhose biliaire par obstruction à la suite d'un cancer du pancréas. *Rev. de méd.*, Paris, 1887. VII, 770-779.

1887. **Kühn (A.).** — Ueber primäres Pankreascarcinon ìn Kindesalter. *Behl. Klin. Wehnschr*,. 1887. XXIV, 494-496.

1887. **Dyson.** — Malignant disease of pancreas and liver. *Brit. m. J. Lond.*, 1887, 1, 115.

1888. **Isch-Wall.** — Cancer du pancréas. *Progrès méd.*, Paris, 1888, 2, s. VII, 423-425.

1888. **Roussel (A.).** — Cancer du pancréas; dilatation de l'estomac ; adénites cervicales, et inguinales; catarrhe et emphysème pulmonaire ; mort subite. *Loire méd.* St-Etienne, 1888, VII, 146-148.

1888. **Segrée (R.).** — Studio clinico sui tumori del pancreas. *Ann. unio. di med. e chir.*, *Milano*, 1888, CCLXXIII, 3-62.

1888. **Bard (L.) et Pic (A.).** — Contribution à l'étude clinique et anatomopathologique du cancer primitif du pancréas. *Rev. de méd.*, Paris, 1888. VIII, 257-363.

1888. **Kofler (E.).** — Contribuzione allo studio clinico ed alla diagnosi del carcinoma del pancreas. *Riv. clin. e terap* , Napoli, 1888, X, 620-622.

1888. **Leebohm-Zuci.** — Fälle von primären Pankreaskrebs. *Deutsche med. Wehnschr. Leipz. u. Berl.*, 1888. XIII, 777.

1888. **Cash (A.-M.).** — Case of cancer of the pancreas, with ulceration and hæmorrhage into the stomach. *Brit. M.J. Lond.*,1888. I, 133.

1888-89. **Caron (Adolphe).** — Contribution à l'étude du cancer du pancréas. Th, de doct. Paris, 1888-89. n° 185.

1889-91. **Hatch (J.-L.).** — Cancer of liver and pancreas. *Tr. Path. soc. Phila.*, 1889-91, XV. 84.

1889. **Mc Naughton (G.).** — Report of a case of primary cancer of the pancreas. Brooklyn, *M. J.*, 1889, III. 385-391.

1889. **Moncorgé.** — Cancer primitif du pancréas. *Prov. Med.* Lyon, 1889, III, 569-571.

1889. **Maritz.** — Ein Fall von Pancreasrebs. *St-Peterb. med. Wehnschr.* 1889, n. F., VI., 116.

1889. **Suckling.** — Carcidoma of pancreas. *Lancet*. Lond., 1889. I. 127.

1889-94. **Stiller (B.).** — A pancreas sak Kousmejeröl. *Wien. med. Wchnschr.*, 1889-1894, XIV.

1890. **Aigre (D.).** — Cancer du Pancréas. *Bull. soc. anat. de Paris*, 1890, LXIV, 253.

1891. **Masters (J.-L.).** — Cancer of the pancreas. *Med. a. Surg. Reporter. Phila.*, 1891, LXV, 91-93.

1891. **Thacher (S.-J.).** — Cancer of the pancreas. *Med. Rec. N. Y.*, 1891, XL, 79.

1891. **Bret (J.).** — Contribution à l'étude du cancer primitif du pancréas. *Prov. Med.* Lyon, 1891, V. 210-220.

1891. **Cane (L.).** — Notes on a case of cancer of the pancreas. *Brit. M. J. Lond.*, 1891 ,II, 1309.

1893. **Sousa Martuis.** — Cancro do pancreas. *Med. Contemp. Lisb.*, 1893, XI, 226, 233, 241.

1893. **Auvray.** — Cancer primitif du pancréas méconnu ; cancers secondaires du foie et du poumon ; phénomènes de gangrène pulmonaire. *Bull. soc. anat. de Paris*, 1893. LXVIII, 453-456.

1893. **Mirallié (Ch.).** — Cancer primitif du pancréas. [Rev. gén.], *Gaz. des hôp.* Paris, 1893, LXVI, n° 94, 889-898.

1893. **Käster (H.).** — [Primary cancer of the gall passage ; metastases in the abdominal wals and brain ; atrophy of the pancreas]. *Göseborgs Läk. — Sanllsl. Förl.*, 1893, 73-86.

1894. **Olivier (E.).**— [Etude sur le développement du cancer pancréatique]. *Beitz. z. path. anat. u. z. allg. Path. Iena*, 1894, XV 351-374, 1 pl.

1894. **Massary (E. de).** — Cancer primitif de la tête du Pancréas, survenu chez un homme de 28 ans. — Généralisation au foie, sous forme de nodules secondaires volumineux. *Bull. soc. anat. de Paris*, 1894-5, s. VIII, 849-854.

1894. **Courmont (J.)** et **Bret (J.).** — De la glycosurie dans le cancer primitif du pancréas. *Prov. méd.* Lyon, 1894, VIII, 301-304.

1895. **Huchard (H.).** — Cancer du pancreas. *Bull. med.* Paris, 1895. IX, 15-17.

1895. **Macon (E.-R.).** — Cancer of the pancreas. *N. York M. J.*, 1895, LXII, 367.

1895. **Stiller (B.).** — [On the diagnosis of pancreatic cancer.] *Pest. Med. Chir. Presse*, Budapest, 1895. XXXI, 689-693 ; *Orvasi hetil.*, Budapest, 1895, XXXIX. 193-195.

1895. **King (E.-F.).** — Five large livers. Notes of a series of cases in which hypertrophy of the liver was a prominent symptom. *N. York. M. J.*, 1895, LXI, 70-71.

1895. **Herringham.** — [Du cancer primitif du pancréas]. *St. Barth. hosp. Rep. Lond.*, 1895, XXX, 5.

1895. **Cochez (A.).** — Les manifestations hépatiques du cancer du pancréas. *Rev. de méd.* Paris, 1895. XV. 545-552.

1895-6. **Dreschfeld (J.).** — Acute diabetes due to cancer of the pancreas. *Med. Chron. Manchester*, 1895-6, n. s., III, 14-17.

1895-6. **Epler (T.-G.).** Cancer of the pancreas. *J. Arkansas M. Soc., Little Rock.*, 1895-6, VI, 205-207.

1896. **Gorbatonski (W.-K.).** — [Primary cancer of the pancreas]. *Medil, sina, St.-Pétersb.* 1896, VIII, 419-421.

1896. **Griffon (V.).** — Béance du cholédoque dans un cas de cancer du pancréas avec ictère. *Bull. Soc. anat. de Paris,* 1896, 5, s, X, 524-526.

1896. **Taliaferro (V.).** — Cancer of the pancreas; autopsy. *Columbus M. J.*, 1896, XVII, 439-442.

1896. **Bard (L.).** — Rapports des cancers du pancréas et des cancers dits de l'ampoule de Vater. *Rev. d. mal. cancér.*, Paris, 1896, 225.

1896. **Bard.** — De la glycosurie dans le cancer du pancréas. *Ass. franç. av. d. sc. Carth.*, 1896. 25e session. 1 p., 222.

1897. **Mattarazza-Carveni (G.).** — Cancro primitivo del pancreas. *Corriere san. settim.*, Milana, 1897, VIII, n° 19, 4.

1897. **Ménier.** — Un cas de cancer du pancréas. *Gaz. Méd. du Centre,* Tours, 1897, n° 4, 56-57.

1897. **Ginestous et Rothamël.** — Cancer de la tête du pancréas et du foie. *J. de Méd. de Bordeaux*, 1897, XXVII, 397-399.

1897. **Bard (L.) et Pic (A.).** — De la glycosurie dans le cancer primitif du pancréas. *Revue de Méd.*, Paris, 1897, XVII, 929-953.

1897. **Boston.** — Cancer of the pancreas. *Med. et. Surg. Journ.*, 1897, CXXXVI, 578-580.

1897-98. **Lamb (D.-S.).** — Cancer of pancreas, followed by dilatation of biliary passages. *Nat. M. Rev. Wash.*, 1897-98, VII, 268.

1898. **Routier.**— Cancer du pancréas; dilatation de la vésicule biliaire, des canaux cholédoque et hépatique et aussi du canal de Wirsung. *Bull. et mém. Soc. de Chir. de Paris,* 1898, n. s. XXIX, 152-154.

1898. **Guillou (F.).** — La glycosurie dans le cancer primitif du pancréas. [Abstr.] *Gaz. hebd. de méd.*, Paris 1898. n. s, III. 841-843; Paris, 1898, 80, 78 p., N°. 424; *Gaz. hebd. de méd.*, Paris, 1898, n. s., III, 841-843.

1898. **Deguy et Piatot.** — Cancer primitif de la tête du pancréas avec obstruction des voies biliaires et ictère chronique. *Bull. Soc. anat. de Paris,* 1898, 5, s., VII. 215.

1898. **Bielogovóg (A.-A.).** — [Cancer of pancreas.] *Bolnitsch. Gaz. Boskina.* St-Pétersb., 1898, IX, 1633-1635.

1898. **Rigot (H.).** — Cancer du pancréas ou cancer de l'estomac? Importance de certains signes fournis par l'examen des urines dans le diagnostic de ces deux affections. *Loire méd.*-St-Etienne, 1898, XVII, 261-269.

1898-99. **Bachon (Fernand).** — Des formes anormales du cancer primitif du pancréas. *Thèse de Lyon* (1898-99), 80, n° 186.

1898-99. **Darrach (J.) A. Davis (A.-M.).** — Cancer of the pancreas, with of a case. *Univ. M. Mag.*, Phila., 1898-99, XI, 22-27.

1899. **Ebstein (W.).** — Primärer, latent verlaufender Pankreaskrebs mit secundären, hochgradigste Dyspnœbedingenden Krebslocalisationen, *Deutsche med. Wchnschr.*, Leipz. u. Berl., 1899, XXV, 71.

1899. **Ward (S.-B).** — Primary colloïd cancer of the pancreas. *Albany M. Ann.* 1899, XX, 24-28.

1899. **Dubé.** — Cancer du pancréas avec noyaux secondaires sur la paroi de l'estomac, suivi de mort rapide par hémorragie stomacale très considérable. *Union méd. du Canada*, Montréal, 1899, XXVIII, 81.

1899. **Loiselet (J.).** — De la cholécystoentérostomie dans le cancer du pancréas. Th. de Doct., Paris, 1899, n° 498.

1900. **Pic (A.) et Tolot (G.).** — Des formes anormales du cancer primitif du pancréas. *Prov. méd.* Lyon, 1900, XV, 277, 279, 294-297, 301, 305.

1900. **Aubery.** — Cancer primitif du pancréas, à symptomatologie anormale (type péritonéal). *Loire méd.*, Saint-Étienne, 1900, XIX, 128-133.

1900. **Robson (A. W. M.).** — On pancreatitis, with especial reference to chronic pancreatitis, its stimulation of cancer of the pancreas and its treatment by operation, with illustrative cases. *Lancet*, Lond., 1900, II, 235-240.

1900. **Maloletkow et Markow.** — [Cas de cancer du pancréas.] *Proc. verb. de l'hôp. Galitzinsky de Moscou*, 1899-1900, 173-174.

1901. **Hawthorn (E.) et Turcan (L.).** — Deux cas du cancer du pancréas. *Marseille méd.*, 1901, XXXVIII, 100-105.

II

1869-70. **Gibbons (H.).** — Case of enormous encephaloïd cancer of the pancreas. *Pacific. M. A. S. J. San Fran.*, 1869-70, XII, 216-218.

1883. **Roberts (F.-T.).** — Encephaloïd cancer of the pancreas and liver. *Brit M. J. Lond.*, 1883, I, 664.

1892. **Ferron et Monaille.** — Cancer encéphaloïde de l'estomac, du pancréas, du côlon et du mésentère. *Bull. Soc. d'anat. et Physiol. de Bordeaux*, 1892, XIII, 70-75.

III

1817. **Brassier (B.).** — Histoire d'une tumeur squirrheuse, qui renfermait dans son sein l'aorte, la veine cave, une portion du pancréas et le pylore, éclairée par l'ouverture du cadavre. *J. gén. de Méd. chir. et Pharm.*, Paris, 1817, LIX, 239-256.

1830. **Sandwith (T.).** — Case of scirrhous pancreas. *Edinb. M. A. S. J.*, 1820, XVI, 380.

1824. **Irwin (W.-F.).** — Case of cancerous duodenum and scirrhus of the pancreas. *Phila. J. M. A. Phys. Sc.*, 1824, VIII, 406-413.

1827. **King.** — Observations sur un squirrhe du pancréas compliqué de cataracte. *Répert. génér. d'anat. et Physiol. path.*, Paris, 1827, III, 43-49.

1830-31. **Bayne (J.-H.).** — Scirrhous state of the duodenum and pancreas. *Am. J. M. Sc. Phila.*, 1830-31, VII, 265.

1840. **Dichson (D.-J.-H.).** — Case of chronic inflammation and scirrhus of the pylorus and pancreas. *Med. Chir. Rev. Lond.* 1840, XXXIII, 590, 591.

1840. **Krüger-Hansen.** — Ein wort über Casper's cur der skirrus des Pankreas. *Méd. Argos.* Leipz., 1840, II, 628-632.

1842-43. **Crompton.** — Scirrhus of the pancreas. *Prov. M. A. S. J. Lond.*, 1842-43, V, 234.

1843. **Schlesier.** — Zür Lesre von skirrh der Baüchspeicheldrüse. *Med. Ztg. Berl.*, 1843, XII, 41-47.

1843. **Knoulton (C.).** — Scirrhus of the pancreas ; error in diagnosis. *Boston. M. A. S. J.*, 1843, XXIX, 379-382.

1847. **Flescher.** — Scirrhus pancreas. *Proc. M. A. S. J. Lond.*, 1847, 552.

1848. **Campbell (H.-F.).** — Autopsical observations : scirrhous degeneration of the pancreas. *South. med. A. S. J. Augusta*, 1848, n. s. V, 336-342.

1848. **Lees.** — Scirrhus of the pancreas, and chronic ulcer of the stomach. *Dublin of. J. M. Sc.*, 1848, V, 188.

1851. **Mc Clurg (J.-R.).** — Case of scirrhus of the pancreas. *Med. Exam. Phila.*, 1851, n. s. VII, 640-644.

1852-8. **Lees.** — Scirrhus of the pancreas and liver. *Proc. Path. Soc. Dubl.*, 1852-8, III, 89.

1854. **Lees.** — [*From : Proc. Path. Soc. Dubl.*]. *Dublin of. J. M. Sc.*, 1854, XVII, 447.

1854. **Mc Phail.** — Scirrhous (?) pancreas. *N. York, J. M.*, 1854, n. s. XIII, 227.

1855. **Bauer (L.).** — Scirrhus of the pancreas, etc. *N. Jersey M. Reporter*, Burlington, 1855, VIII, 588.

1855. **Thorn (W.).** — On a case of scirrhus of the pancreas. *Lancet*, Lond., 1855, II, 437.

1857. **Emiliani (E.).** — Dello scirro del pancreas. *Bull. d. Sc. med. di Bologna*, 1857, 4 s , VIII, 161-177.

1859-60. **Buckingham (E.-E.).** — Scirrhous pancreas. *Boston M. A. S. J.*, 1859-60, LXI, 89.

1861-2. **Crisp (E.).** — Scirrhous enlargement of the pancreas. *Tr. Path. Soc. Lond.*, 1861-2, XIII, 124.

1862. **Rohrer (J. S.).** — Case of scirrhosity of the pancreas. *Med. A. Surg. Reporter, Phila.* 1862, VII, 261.

1866-67. **Taylor (E.-R.).** — Case of scirrhus of pancreas. *Pacific M. A. S. J., San Fran.*, 1866-67, IX, 19-23.

1868. **Williams (J.).** — Scirrhous tumor of stomach and pancreas. *Med. A. Surg. Reporter, Phila.*, 1868, XVIII, 274.

1869. **Cameron.** — A case of cirrhus of the pancreas. *Med. Times a, Gaz.*, Lond., 1869, II, 491.

1870. **Hamilton** (E.). — Scirrhus of the pancreas. *Dublin of. J. M. Sc.*, 1870, I, 476.

1872. **Davidsohn** (S.). — Ueber Krebs der Bauchspeicheldrüse im Anschlurs an einen. Fall von Scirrhus, Berlin, 1872, 8°, sm.

1874. **Manley.** — Case of pancreas being a solid mass of scirrhus. *Tr. Wisconsin M. Soc. Milwackee*, 1874, VIII, 13-15.

1878. **Waid** (J.-F.). — Scirrhus of the pancreas; cases in practice. *Buffalo M. A. S. J.*, 1878, XVIII, 121-123.

1883. **Osler.** — Scirrhus of pancreas; secondary colloid of lungs. *Méd. News*. Phila., 1883, XLII, 694.

1884. **Lilly** (M.-W.). — A case of scirrhus of the pancreas simulating abdominal aneurism. *Med. a. surg. Reporter.*, Phila., 1884, I, 422-452.

1890-91. **Rolleston** (H.-D.). — Mediastinal carcinoma secondary to scirrhus of the pancreas. *Tr. Path. Soc. Lond.*, 1890-91, XLII, 320.

IV

1844. **Smith** (R.-W.). — Carcinoma of the axillary glands and mamma; scirrhus of the head of the pancreas and ovaria. *Dublin J. M. Sc.*, 1844, XXV, 175.

1846. **Carmichael.** — Cancerous degeneration of the head of the pancreas obstructing the gall-ducts. *Dublin Q. J. M. Sc.*, 1846, I, 243. — *Proc. Path. Soc. Dubl.*, (1844-9), 1849, I, 257.

1857. **Roques.** — Cancer de la tête du pancréas. *Bull. Soc. anat. de Paris*, 1857, XXXII, 245.

1865. **Boucaud.** — Observation du squirrhe de la tête du pancréas. *Gaz. méd. de Lyon*, 1865, XVII, 527. — *Gaz. d. hôp.*, Paris, 1866, XXXIX, 39. — *Mém. et compt. rend. Soc. d. Sc. méd. de Lyon*, 1865-1866, V, 104-107.

1866. **Wood** (E.-A.). — Scirrhus of duodenum pylorus, and head of pancreas. *Med. a. surg. Reporter. Phila.*, 1866, XV, 228-231.

1869. **Gross** (S.-W.). — Primary cancer of the head of the pancreas, undergoing softening. *Am. J. M. Sc. Phila.*, 1869, n. s., LVIII, 132-135.

1870-71. **Tyson** (J.). — Cancer of the head of the pancreas. *Med. Times, Phila.*, 1870-71, I, 365.

1871-72. **Gross** (F.-H.). — Cancer of the head of the pancreas. *Phila. M. Times*, 1871-72, II, 354.

1871-72. **Webb** (W.-H.). — Scirrhus of the head of the pancreas. *Phila M. Times*, 1871-2, II, 86.

1874. **Keen** (W.-W.). — Scirrhus of the head of the pancreas. *Tr. Path. Soc. Phila.*, (1871-3), IV, 69.

1876. **Jarvis (J.-C.).** — Cancer of the head of the pancreas. *Proc. Connect. M. Soc., Hartford,* 1876, 37, 1 pl.

1877. **Jamieson (A.).** — Cancer of the head of the pancreas. *Customs Gaz. med. Rep.*, 1876, Shanghai, 1877, 51-53.

1880. **Ewart (W.).** — [Biliary obstruction, due to cancer of the head of the pancreas.] *St-George's Hosp. Rep.*, 1879, Lond., 1880, X, 282.

1880. **Standthartner.** — [Fibröses carcinom im kopfe des Pancreas mit stenosirung des Darmendes, des Ductus Wirsungianus und des Ductus choledochus.] *Aerztl. Berl. D. K. K. Allg. Krankenh. zu Wien,* 1880, 34.

1881. **Aufrecht.** — Carcinom des Pancreaskopfes. *In hiss : Path. mitt. Magdeb.*, 1881, 8° 126-129.

1882. **Shattuck.** — Cancer of head of pancreas and of the liver. *Boston M. A. S. J.*, 1882. CVI, 246.

1883. **Bruen (E.-T.).** — Small tumor of the head of the pancreas. *N. York M. J.*, 1883, XXXVII. 414 ; *Med. News Phila.*, 1883, XLII, 143; *Boston M. A. S. J.*, 1883, CVIII, 110.

1884. **Dixon (G.-A.).** — Primary cancer of the head of the pancreas. *N. York M. J.*, 1884, XXXIX, 333.

1884. **Bruen (E.-T.).** — Small tumor of the head of the pancreas. *Tr. Path. Soc. Phila.*, 1884, XI, 45.

1884. **Ria (G.).** — Carcinoma della testa de pancreas. *In hiss : Alcune lez. di. Clin. med. Napoli,* 1884, 8°, 359-368.

1884. **Weiss (G.-G.).** — Primary cancer involving the head of the pancreas with secondary deposits in the liver. *Med. Rec. N. Y.*, 1884, XXV, 304.

1885. **Rotch (T.-M.).** — A case of cancer of the head of the pancreas. *Boston M. A. S. J.*, 1885, CXII, 175-177.

1885. **Kiemann.** — Carcinoma scirrhosum capitis pancreatis et hepatis : *Tod. Berl. d. k. k. Krankenanst. Rudolph. — Stiftung in Wien,* 1885, 309.

1885. **Mayet.** — Cancer primitif de la tête du pancréas ayant envahi le foie. *Lyon méd.*, 1885, XLIX, 31-33.

1888. **Dutil.** — Cancer primitif de la tête du pancréas. *Gaz. méd. de Paris,* 1888, 70, V, 445-446.

1888. **Dickinson (E.-H.).** — On cancer of the head of the pancreas. *Liverpool med. Chir. J.*, 1888, VIII, 85-94.

1890. **Cimbali (F.).** — Cancro primitivo della testa del pancreas. *Boll. de clin.* Milano, 1890, VII, 58-71.

1891. **Baromaki (M.).** Cancer de la tête du pancréas et du duodénum. *Marseille méd.*, 1891, XXVIII, 414-419.

1894. **Severi (A.).** — Un caso di carcinoma della testa del pancreas, con rarissima metastasis ossea. *Gazz. d. Osp.*, Milano, 1894, XV 1537-1541.

1895. **Cangini.** — Un cas de cancer de la tête du pancréas avec diffusion au cholédoque. *Ann. de méd.*, Paris, 1895, N° 3, 263.

1895. **Cangini.** — Un caso di cancro della testa del pancreas con diffusione al coledoco. *Riv. Clin. e. Terap.*, Napoli, 1895, XVII. 122-127.

1895. **Doglioni (G.) e. Gianelli (E.).** — Cancro della testa del pancreas e stenosi pilorica consecutiva. *Bull. d. Sc. med. di Bologna*, 7 s., VI, 70-80.

1895. **Gade (F.-G.).** — Primaert carcinoma gigantocellulare candaï pancreatis. *Festshr... Prof. hibergs (etc.)*, Kristiania, 1895, 79 90.

1895. **Kelly (C.-W.).** — Cancerous degeneration of the head of the pancreas. *Am. Pract. A. News*, Louisville. 1895, XIX, 297.

1896. **Baillet.** — Cancer primitif du duodénum ; cancer secondaire de la tête du pancréas ; sténose duodénale ; mort par obstruction intestinale. *Bull. soc. anat. de Paris*, 1896, LXXI, 712-714.

1896. **Miller (O.).** — Primary carcinoma of the head of the pancreas. *Med. Rep. Lond.*, 1896. VII. 66.

1897. **Ginestous et Rothamel.** — Cancer de la tête du pancréas et cancer du foie. *J. de méd. de Bordeaux*, 1897, XXVII, 397-399.

1897. **Leven (G.).** — Cancer primitif de la tête du pancréas ; dilatation des grosses voies biliaires ; cancer secondaire du foie ; pancreatite suppurée. *Bull. soc. anat. de Paris*, 1897, LXXII. 951-954.

1897. **Tecce (P.).** — Un caso di carcinoma della testa del pancreas. *Riforma med.*, Napoli, 1897, IV, n° 6.

1897-8. **Jamison (W.-B.).** Cancer of the head of the pancreas. *Proc. Path. soc. Phila.*, 1897-8, n. s., I. 301.

1898. **Deguy et Platot.** — Cancer primitif de la tête du pancréas avec obstruction des voies biliaires et ictère chronique. *Bull. soc. anat. de Paris*, 1898, LXXIII, 215.

1898. **Routier.**— Cancer du pancréas ; dilatation des voies biliaires, des canaux cholédoque et hépatique et aussi du canal de Wirsung. *Bull. et Mém. soc. de Chir. de Paris*, 1898, n. s., XXIV, 152-154.

1898. **Vertrate et Danel.**— Cancer de la queue du pancréas ; généralisation secondaire au foie et au péritoine. *J. d. Sc. méd. de Lille*, 1898, I, 630-635.

1898. **Woolsey (G.).** — A fibrocarcinoma of the head of the pancreas. *Ann. Surg. Phila.*, 1898, XXVII. 371.

1900. **Cornil.** — Cancer de la tête du pancreas, avec ictère chronique et conservation de la perméabilité du chodéloque [discussion] *Bull. et Mém. soc. anat. de Paris*, 1900, 6, s., II, 139.

1900. **Günther (M.).** — Ein Fall von primärem Cylinderzellencarcinom des Pankreasschwanzes. *Deutches Arch. f. Klin. Med. Leipz.*, 1900, LXV, 376, 636-642.

1900. **Monod (R.).** — Cancer de la tête du pancréas, avec ictère chronique et conservation de la perméabilité du cholédoque. *Bull. et Mém. soc. anat. de Paris*, 1900. 6, s., II, 136-139.

1900. **Morlot (E.).** — Cancer de la tête du pancréas. — Présentation de pièces anatomiques. *Bourgogne méd.*, Dijon, 1900, VIII, 48-50.

1900. **Rózsa** (F.). — Carcinom der Canda des Pankreas. *Pest. med.-chir. Presse*, Budapest, 1900, XXXVI, 121-124.

1901. **Jaccoud.** — Cancer de la tête du pancréas. — Valeur diagnostique des ganglions inguinaux. *J. de méd. interne*, Paris, 1901, V, 822-823.

V

1789. **Doeveren** (A.-J. van). — De pancreate carcinomatoso eo in loco ubi ipsi ventriculus accumbit, cum erosione hujus visceris, et sanguinis dernum omnis intra ipsius, etc. *Obs. path. anat. Lugd. Bat.*, 1789, 35-49, 3 pl.

1843-4. **Fletcher.** — [Carcinoma of the pancreas.] *Prov. M. A. S. J. Lond.*, 1843-4, VII, 318.

1855. **Kist** (J.-C.). — De carcinomate pancreatis. *Lugd. Bat.*, 1855, 8°.

1855-6. **Holley** (D.-C.). — Carcinoma of the pancreas. *Penins. J. M. ann., Arbor*, 1855-6, III, 293-297.

1867. **Lichtenfels** (von). Icterus e carcinomate pancreatis ; Noma ; *Tod. Ber. d. K. K. Krankenanst. Rudolphstiftung in Wien.*, 1867-1868, 277.

1874. **Sauter** (R.). — Zwei Fälle von Carcinom des Pancreas. Berlin, 1874, 80.

1876. **Soyka** (J.). — Primäres Carcinom des Pancreas. *Prag. med. Wchnschr.*, 1876, I, 777-782.

1877. **Janicke** (O.). — Zur Casuistik des Icterus in Folge von Carcinom des Pancreas. *Verhandl. d. phys. méd. Gesellsch. in Würzb.* 1877, n., F, X, 125-157.

1878. **Post** (R.). — Ein Fall von primärem Pancreascarcinom. *Deutsche Ztschr. f. prakt. Med. Leipz.*, 1878, V, 181-183.

1878. **Strumpell** (A.). — Primäres Carcinom des Pankreas. *Deutsches Arch. f. Klin. Med. Leipz.*, 1878, XXII, 226-229.

1878. **Reinhard** (F.). Ueber das Carcinom des Pancreas. *Würzburg.*, 1878-80.

1879. **Rokitansky.** Carcinoma pancreaticum. *Ber. d. naturn. med. Ver. in Innsbruch.*, 1879, VIII, 2 Heft, 78.

1879. **Westbrook.** — Carcinoma of pancreas. *Proc. Soc. County Kings.* Brotklyn., 1879, IV, 16.

1879. **Salomon** (G.). — Carcinom des Pancreas mit Metastasen in Leber und Lunge (etc.). *Charité Ann. Berl.*, 1879, IV, 144-149.

1880. **Starr** (L.). — Carcinoma of the liver, pancreas, and cœliac glands. *Tr. Path. Soc. Phila.*, 1880, IX, 13-16.

1880. **Scholz.** — Carcin. pancreat. 2 (m.), im alter von 62 und 79 Iahren. *Aerztl. Ber. d. K. K. allg. Krakenh. Zu Wien.* (1880) 1881, 832.

1881. **Wells.** — Carcinoma of pancreas, liver, peritoneum, and retroperitoneal glands with peritonitis. *Med. Rec. N. Y.*, 1881, XIX, 383.

1881. **Satterthwaite** (**T.-E.**). — Carcinoma of the pancreas; occlusion of the ductus communis; cavernous metamorphosis of the liver. *Med. Rec., N. Y.*, 1881, XIX, 375; *Bull. N.-York Path. Soc.*, 1881, 2, s., I, 67-70.

1881. **Porter** (**W.-H.**). — Carcinoma of the pancreas, liver, peritoneum, and retroperitoneal glands with peritonitis. *Bull. N.-York Path. Soc.*, 1881, 2 s., I, 87-90.

1882. **Giovanni** (**A. de**). — Carcinoma primitivo del pancreas, secondario del duodeno del fegato, diagnosticato in vita. *Gazz. med. ital. prov. veneta, Padov*, 1882, XXV, III, 115.

1882. **Bruen** (**E.-E.**). — Primary carcinoma of pancreas and liver. *Med. News. Phila.*, 1882, XLI, 611.

1882. **Biach** (**A.**). — Zwei Fälle von primärem Carcinom des Pankreas. *Mitth. d. Ver. d. Aerzte in Nied. Œst., Wien.*, 1882, VIII, 171-173. — *Mitth. d. Wien Med. Doct.* Coll. 1883, IX 168-157-134. — Ueber Carcinom des Pancreas.

1883. **Wesener** (**F.**). — Ein Fall von Pancreascarcinom mit Thrombose der Pfortader. *Arch. f. Path. Anat.*, [etc.], *Berl.*, 1883, XCIII, 386-395.

1883. **Biach** (**A.**). — Ueber Carcinom des pankreas. *Mitth. d. Wien. Med. Doct.* Coll. 1883, IX, 116, 78, 43.

1883. **Losch.** — Ein Fall von primärem Carcinom des pankreas. *St-Petersb. Med. Wchnschr.*, 1883, VIII, 205.

1883. **Ziehl** (**F.**). — Ueber einen Fall von carcinom des pankreas und über das Vorkommen von Fettkrystallen im stuhlgang. *Deutsche Med. Wchn schr. Berl.*, 1883, IX, 538.

1884. **Horwitz.** — An interesting case of carcimoma of the pancreas, with secondary in voloment of the liver and stomach. *Coll. a. clin. Rec. Phila.*, 1884, V, 166-169.

1884. **Hinsdale** (**G.**). — Carcinoma of the stomach and pankreas with metastases in the liver and lungs. *Tr. Path. Soc. Phila.*, 1884, XI, 49-57.

1885. **Porter** (**W.-H.**). — Carcinoma of the bladder with secondary growths in the ureter [etc.]. *Med. Rec. N. Y.*, 1885, XXVII, 329.

1885. **Bennet** (**E. H.**). — Carcinoma of stomach, liver, and pancreas, mistaken for cirrhosis of the liver. *Coll. a. clin. Rec. Phila.*, 1885, VI, 189-191.

1887. **Taylor** (**T.-C.**). — Case of carcinoma of the pancreas, with infiltration of the omentum and walls of the stomach along the greater curvature. *Baillard's. M. J. N. Y.*, 1887, XLIII, 546-551.

1887. **Kühn** (**A.**). — Ueber primäres pankreascarcinom im kindesalter. *Berl. Klin. Wchnschr.*, 1887, XXIV, 494-496.

1887. **Beck** (**M.**). — Scirrhus of the pancreas, causing intestinal obstruction; colotomy, necropsy. *Lancet.*, Lond., 1887, II, 113.

1887-8. **White W.-H.**. — A case of carcinoma of the pancreas and semilunar ganglia. *Tr. Path. Soc. Lond.*, 1887-8, XXXIX, 147-149.

1888. **Zielewicz J.** . — Pankreascarcinom diagnostische Laparatomie. *Berl. Klin. Wchnschr.*, 1888, XXV, 294.

1888. **Schwerdt.** — Carcinom des pankreas mit speichelsteine enthalten der Kyste. *Cor. Bl. d. allg. ärztl. ver. v.. Thuringen*, Weimar, 1888, XVII, 374.

1888. **Krieger G.** . — Ein Fall von cholecystectasie in Folge carcinoms des pancreas. *Deutsche Med. Wchnschr.*, 1888, 27 septembre, 793.

1888. **Koffer E.** . — Contribuzione allo studio ed alla diagnosi de carcinoma del pancreas. *Rev. clin. et therap.*, Napoli, 1888, X, 620-622.

1888. **Carter P.-L.** a **White V.-S.** . — Carcinoma of the pancreas, spleen and stomach *Physicans a Surgeon's Invest.*, Buffalo, 1888, IX, 168-170.

1889. **Thompson W.-G.** . — Primary carcinoma of the pancreas. *N. York. M. J.*, 1889, XLIX, 107.

1889. **Bettelheim (K.** . — Ein Fall von Pankreas carcinom. *Deutsche Arch. f. Klin. Med. Leipz.*, 1889, XLV, 181-185.

1889. **Buckhardt H.** . — Carcinom der Gallenblase des pankreas. *Ber. ü. d. Bilriej d. Ludwigs-spit. Charlottenhilfe in stuttg.* [1855-7], 1889 [Chir. Abt.], 63.

1890. **Ruggi G.** . — Interno ad un caso di carcinoma primitivo del pancreas, curato et guarito coll' asportazione del tumore. *Giov. internaz. d. Sc. Med., Napoli*, 1890, n. s. XII, 84-90, 1 pl.

1890. **Musmeci M.** . — Contribuzione alla patologia ed alla clinica del carcinoma del pancreas *Gazz. d. Osp.*, Milano, 1890, XI, 658, 642, 650.

1890. **Hlava (J.)**.— [Sur le carcinome du pancréas]. *Sborn. lek. v. Praze*, 1890, IV, 156-160.

1891. **Galvagni (E)** e **Bassi (G.)**.— Contributo alla diagnosi del carcinoma del pancreas. *Riv. clin. e therap.* Napoli, 1891, XIII, 613-632.

1892. **Stockton (C.-G.)**. — Carcinoma of the pancreas, kindney and liver. *Internat. Clin. Phila.*, 1892, IV, 18

1892. **Flexner (S.)**. — A case of primary carcinoma of the pancreas with multiple carcinosis the organisms of cancer. *Johns Hopkins Hosp. Bull. Balt.*, 1892, III, 53-59.

1893. **Le Boutellier (W.-G.)**. — Carcinoma of the pancreas *Med. Rec. N. Y.* 1893, XLIII, 221,

1894. **Monari A.**. — Carcinoma del pancreas. *Gazz. Med. Lomb.* Milano, 1894, LII, 143.

1894. **Kramer A.**). — Ein Fall von primären Pancreascarcinom. *St-Petersb. med. Wchnschr.*, 1874, n F., XI, 426.

1894. **Bellos E.** . — Contribucion al estudio clinico del carcinoma del pancreas. *Cron. méd. Lina*, 1894, XI, 353, 337.

1894. **Flexner.** — Exhibition of specimens from a case of carcinoma of the pancreas with multiple carcinosis. *Johns Hopkins Hosp. Bull. Ball.*, 1894, V, 16.

1894. **Engel (R. von).** — Beiträge zur Diagnose des Pancreas carcinomes. *Prag. med. Wchnschr.*, 1894, XIX, 609-625.

1894-5. **Bogdan (C.).** — Carcinome primitif de la totalité du pancréas. *Bull. Soc. des Méd. et Natu.. de Jassy.* 1894-5, VIII, 77-79.

1895. **Sympson (T.-M.).** — A case of primary carcinoma of the pancreas. *Quart. M. J. Sheffield*, 1895, III, 375-380.

1895. **Miller (J.-M.).** — Primary carcinoma of the pancreas with hourglass contraction of the stomach, simulating during life pyloric stenosis. *Med. Rec. N. Y.*, 1895, XLVIII, 301.

1895. **Kelley (A.-O.-J.).** — Two cases of carcinoma of the pancreas. *Univ. M. Mag. Phila.*, 1895-6, VIII, 98-103.

1895-6. **Melvin (J.-T.).** — Carcinoma of the pancreas. *Denver M. Times*, 1895-6, XV, 42.

1896. **Swet (G.-B.).** — Carcinoma of the pancreas associated with glycosuria. *Australas. M. Gaz.*, Sidney, 1896, XV, 464-467.

1896. **Meier (O.).** — Ein Fall von primären carcinom des pankreas. Inaug. Diss., Kiel, 1896.

1896. **Bevan.** — Primary carcinoma of the pancreas, with miliary carcinosis. *Phila. Hosp. Rep.*, 1896, III, 62-65.

1896. **Anders (J.-M.).** — A case of acute primary carcinoma of the stomach with secondary new growths in the pancreas, liver, and spleen. *Med. Bull. Phila.*, 1896, XVIII, 121-125.

1896. **Aigner (E.).** — Vier Fäll von Carcinom des Pankreas. Dissert. München, 1896.

1896. **Casarini (C.).** — Carcinoma del pancreas. *Rassegna di Sc. med. Modena*, 1896, XI, 244-246.

1896. **Blumer (G.).** — Specimen of adenocarcinoma of pancreas. *Johns Hopkins Hosp. Bull. Ball.*, 1896, VII, 189.

1896-7. **White (V.-H.).** — Carcinoma of the pancreas. *Canada Lancet.* Toronto, 1896-7, XXIX, 343-347. *Internat. clin. Phila.*, 1897, 6 s., IV, 85-90.

1897. **Maxson (Edwin-R.).** — The Diagnosis of Pancreatic carcinoma. *New-York Med. J.*, 1897, janv. 16, N° 946, LXV, p. 83.

1897. **Hurd (E.-P.).** — Primary carcinoma of the pancreas, and secondary cancer of the liver with diffuse parenchymatous nephritis. *Med. a. surg. Reporter Phila.*, 1897, LXXVI, 38-40.

1898. **Arnold (J.-P.).** — Primary carcinoma of the pancreas, with extensive netastasis. *Tr. Path. Soc. Phila.*, 1898, XVIII, 127-129.

1898. **Hare (H.-A.).** Carcinoma of pancreas, with metastasis to stomach and liver. *Tr. Path. Soc. Phila.*, 1898, XVIII, 55-57.

1898-9. **Fighiéra.** — La glycosurie dans le carcinome pancréatique. *Th.* de doct., Montpellier, 1898-9, N° 114, 61 p.

1899. **Schilling (F.).** — Primäres Pankreascarcinom. *München med. Wchnschr.*, 1899, XLVI, 148.

1899. **Northrup (W.-P.) a Herter (C.-A.).** — Carcinoma of the pancrea exploratory operation; study of the fat absorption. *Am. J. m. Sc. Phila.*, 1899, CXVII, 131-138.

1899. **Mager (W.).** — Ein Fall von Pankreascarcinom. *Wien med. Presse,* 1899, XL, 15-17.

1899. **Gilmer (L.).** — Ueber das primäre Carcinom des Pankreas im Auschluss an zwei Fälle von primärem schleimkrebs der Cauda pancreatis. Inaug. Diss. Freiburg i B., 1899, Féb.

1899. **Erras (O.).** — Beiträge zur casuistik der Pankreascarcinome. Inaug. Dissert. München., 1899, Marz.

1899-1990. **Kassel (Fritz).** Beitrag zur casuistik der carcinome des Pankreas Inaug. Dissert. Leipz., 1899-1900, Déc., Feb.

1900. **Boye (Bruno).** — Ein Fall von Carcinom des Pankreas. Inaug-Dissert., Kiel, 1900, September.

1900. **Baldwin (F.-A.).** — Primary carcinoma of the pancreas, with reporto at four new cases. *Phila M. J.*, 1900, VI, 1195-1199.

SERMENT

En présence des Maîtres de cette École, de mes chers condisciples, et devant l'effigie d'Hippocrate, je promets et je jure, au nom de l'Être suprême, d'être fidèle aux lois de l'honneur et de la probité dans l'exercice de la Médecine. Je donnerai mes soins gratuits à l'indigent, et n'exigerai jamais un salaire au-dessus de mon travail. Admis dans l'intérieur des maisons, mes yeux ne verront pas ce qui s'y passe ; ma langue taira les secrets qui me seront confiés, et mon état ne servira pas à corrompre les mœurs ni à favoriser le crime. Respectueux et reconnaissant envers mes Maîtres, je rendrai à leurs enfants l'instruction que j'ai reçue de leurs pères.

Que les hommes m'accordent leur estime si je suis fidèle à mes promesses ! Que je sois couvert d'opprobre et méprisé de mes confrères si j'y manque !

www.ingramcontent.com/pod-product-compliance
Lightning Source LLC
LaVergne TN
LVHW011955160826
845678LV00002B/549

* 9 7 8 2 3 2 9 6 8 5 2 1 2 *